YITIAN JIKE WANCHENG DE BIANZHI XIAOWU

一天即可完成的 编织小物

犀文图书 编著

天津出版传媒集团

 天津科技翻译出版有限公司

Preface [前言]

　　曾几何时，我们不再喜欢辛辛苦苦织出来的毛衣毛裤，忘却那有过的一份沉重的思念。曾几何时，我们又开始为心爱的人织围巾织手套织帽子，传递着一丝丝爱的承诺。怀旧，是一种神奇而又难以言喻的心情。随着时光的静静流逝，会不断地衍生出新的情感，同时会时不时地散发着久久不能释怀的浪漫。棒针和钩针编织是生活中最值得怀旧的装饰，只需要2支棒针或1支钩针、一卷毛线，就能编织出无限的温暖，提升生活的美感。其实编织并不难，难的只是一份执著。织一条围巾，或许一个晚上；织一个帽子，或许得花上一天；而织一件毛衣，却得花上数十天，甚至好几个月。带着这样一份怀旧的心情，如今我们再一次借毛线、棒针（钩针）编织出的温暖世界，慢慢地回忆母亲灯下编织的那份满满的爱意。闲来无事时坐在温暖的阳光下，悠然拿起棒针（钩针）和线材，一针一线地编织各种小物品，静静享受时光的流淌，此情此景是何等的美妙。温馨油然而生，幸福悄然而至。

　　本书介绍了最常用的棒针、钩针编织方法和最新潮的花样钩织图案，并呈现多款家居毛线小物，每款都配以详细的图解和文字说明，直观、漂亮的图解让您一学就会。如果，再加上您的创意，那就是属于您的专属款式。即刻动手，用针和线创造您的乐活领地！

Contents [目 录]

Part ①

编织入门掌握

工具材料

棒针

棒针有公制、英制、美制及日制之分，公制以针轴的直径计算，单位为毫米（mm），英制和美制则以号数区分棒针粗细。其材质有金属、竹、塑料等，长度有 20cm、25cm、30cm、35cm 等，不同的制造商亦有不同长度，常用的是 35cm。本书所标注的棒针号码为公制。

公制棒针粗细号数表

棒针直径		2 mm	2.25 mm	2.5 mm	2.75 mm	3 mm	3.25 mm	3.5 mm	3.75 mm	4 mm	4.5 mm
号数	公制	2	9/4	5/2	11/4	3	13/4	7/2	15/4	4	9/2
	英制	14	13	*	12	11	10	*	9	8	7
	美制	0	1	*	2	*	3	*	4	5	6

棒针直径		5 mm	5.5 mm	6 mm	6.5 mm	7 mm	7.5 mm	8 mm	9 mm	10 mm
号数	公制	5	11/2	6	13/2	7	15/2	8	9	10
	英制	6	5	4	3	2	1	0	2/0	3/0
	美制	7	8	9	10	21/2	*	11	13	15

"＊"表示没有此号码的棒针

日制棒针粗细号数表

棒针直径	2.1 mm	2.4 mm	2.7 mm	3.0 mm	3.3 mm	3.6 mm	3.9 mm	4.2 mm	4.5 mm	4.8 mm	5.1 mm	5.4 mm
号数	0	1	2	3	4	5	6	7	8	9	10	11

棒针直径	5.7 mm	6.0 mm	6.3 mm	6.6 mm	7 mm	8 mm	10 mm	12 mm	15 mm	20 mm	25 mm	30 mm
号数	0	1	2	3	4	5	6	7	8	9	10	11

钩针

钩针分为公制钩针粗细值、日式钩针粗细号、蕾丝针号数，上刻的粗细值是指钩针的钩直径，不是钩针针身的直径。其材质有钢、铝、竹、木等，每支勾针的长度约15cm。本书使用公制钩针粗细值。

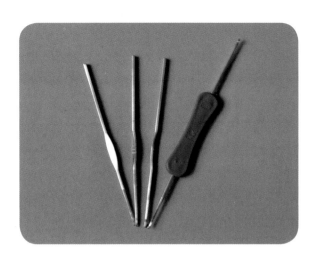

公制钩针粗细值

钩针直径	0.6 mm	0.75 mm	1.0 mm	1.25 mm	1.5 mm	1.75 mm	2.0 mm	2.5 mm	3.0 mm	3.5 mm
钩针直径	4.0 mm	5.0 mm	5.5 mm	6.0 mm	6.5 mm	7.0 mm	8.0 mm	9.0 mm	10 mm	15 mm

日式勾针粗细号数表

钩针号数	2/0	3/0	4/0	5/0	6/0	7/0	7.5/0	8/0	10/0
钩针直径	2.0mm	2.3mm	2.5mm	3.0mm	3.5mm	4.0mm	4.5mm	5.0mm	6.0mm

蕾丝针号数表

钩针号数	0	2	4	6	8	10	12	14
钩针直径	1.75mm	1.5mm	1.25mm	1mm	0.9mm	0.75mm	0.6mm	0.5mm

线的种类

市面上用于编织的线的种类很多，本书介绍以下几大类：

A 马海毛线：触感柔软，线上带有较长的绒毛。制作出的物品有厚重感

B 棉线：植物性纤维，柔软平滑，无弹性。制作出的物品平整

C 空心丝光线：化学纤维，冰凉光滑、有弹性。制作出的物品有光泽。线头可用打火机烧化，然后压平

D 棒针粗羊绒线：直径粗，柔软，由短纤维组成，有弹性

E 腈纶线：人造纤维，色泽艳丽，颜色丰富，价格低廉

F 羊毛线：温暖舒适，天然动物纤维，有弹性。适合制作服装或与身体接触的物品

G 混纺线：属于天然动物纤维与人造纤维的结合人物，手感松软

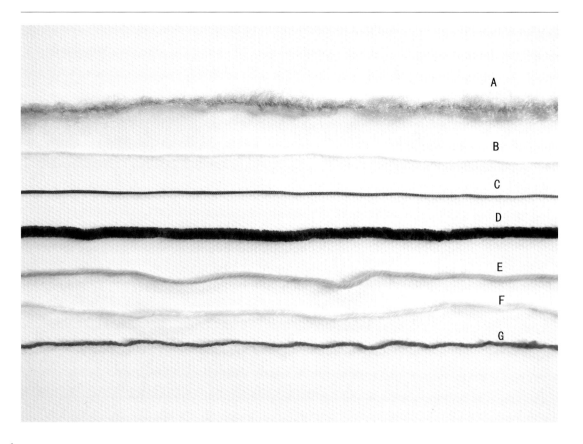

辅助材料

A 金属发箍　　B 塑料圆环　　C 金属小夹子　　D 耳钩　　E 戒指　　F 别针

G 松紧带　H 弹力线　I 发簪　J 各种钥匙环、手机挂绳　　K 各种木珠、塑料珠

L 各式眼睛　M 包扣　N 针　O 毛线针　P 剪刀　Q 丝带　R 花边

S 打火机
（用来燃烧线头使用）　T 线　U 热熔胶（可用打火机烧化后使用）　　V 棉花

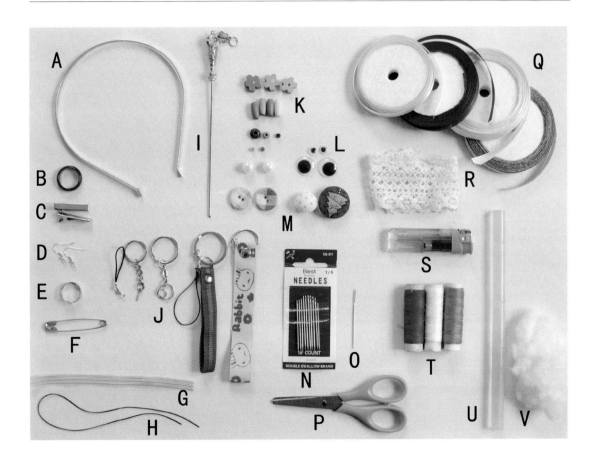

钩编符号

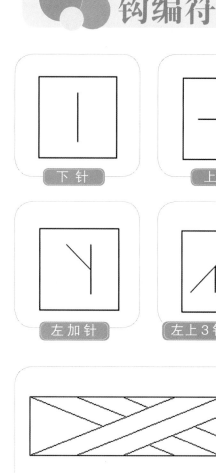

下针

上针

加针

右加针

左加针

左上3针并1针

右上3针并1针

挑针

左上3针交叉针

玉米长针

玉米针

细编

贝壳针

狗牙拉针

外钩长针

松针（长针5针）

5针中长针的枣形针

锁针

1针分2针短针

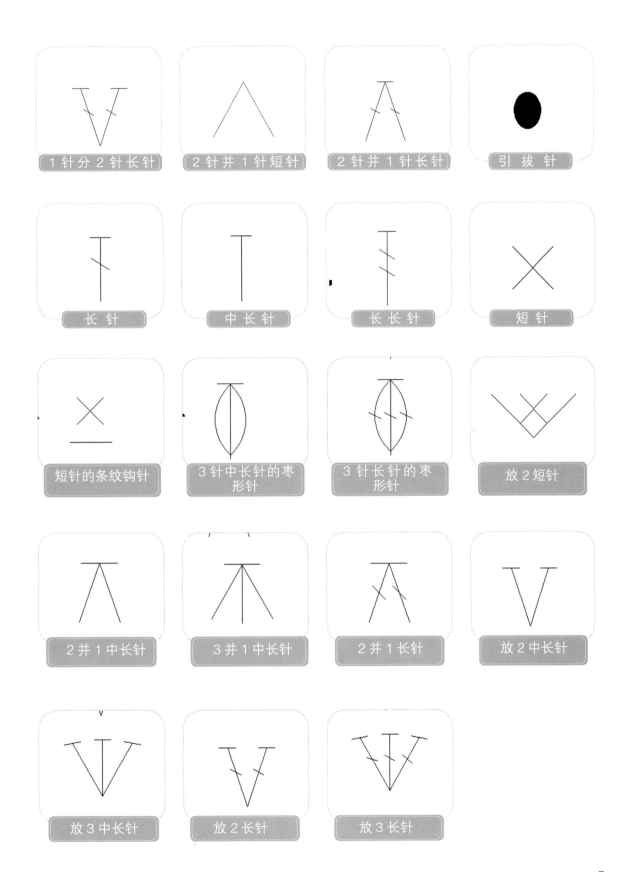

1针分2针长针	2针并1针短针	2针并1针长针	引 拔 针
长 针	中 长 针	长 长 针	短 针
短针的条纹钩针	3针中长针的枣形针	3针长针的枣形针	放2短针
2并1中长针	3并1中长针	2并1长针	放2中长针
放3中长针	放2长针	放3长针	

必学技巧

刺绣

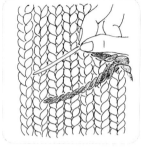

[1]

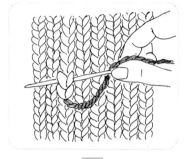

[2]

[3]

[4]

[5]

[6]

卷锁（织片之间缝合的方法）

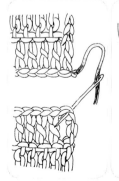

[1]

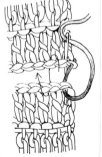

[2]

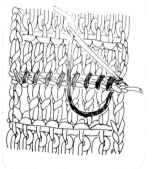

[3]

引拔针连接花样

[1]

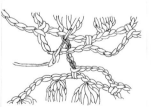

[2]

Part 2

棒针编织生活

雪花麋鹿壶垫

材料

白色、红色羊毛线

工具

4号棒针

编织方法

① 起 47 针，用正面是下针、反面是上针的织法（下针编织），如图织 41 行花样，其中空白格用白色羊毛线编织，带 × 格用红色羊毛线编织。

② 用红色羊毛线在四边的边缘，用下针的织法（正反面都是），挑针织 3 行即可。

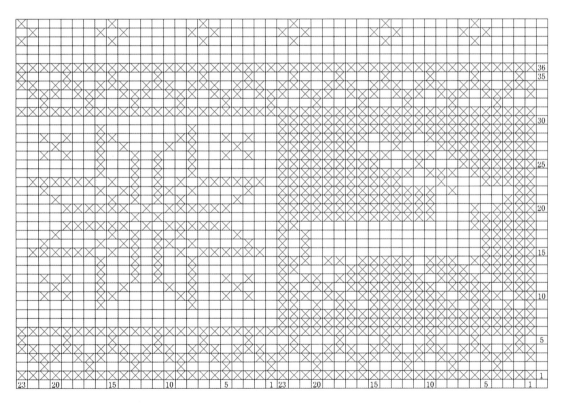

×=红色线所织位置

花样图

蝴蝶结双色隔热垫

材料

橘色混纺线，红色混纺线，灰色混纺线，玫红色混纺线

工具

3号棒针，毛线缝合针

编织方法

① 用红色混纺线起 30 针，用正面是下针、反面是上针的编织方法（下针编织）织 41 行，织成 1 个正方形织片。

② 用灰色混纺线在正方形织片的四周挑针织 3 行，正反都是下针编织。

③ 再用灰色混纺线在正方形织片上绣出蝴蝶结图案。

④ 用同样的方法，用橘色混纺线和玫红色混纺线织同样的织片即可。

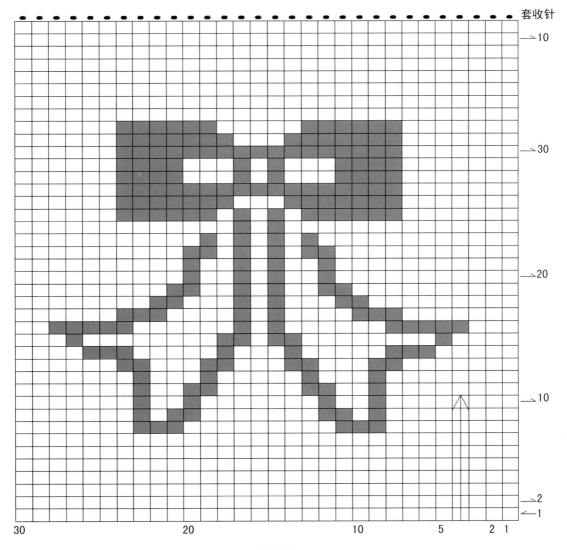

花样图

编织小物

彩色坐垫

材 料

段染粗羊绒线

工 具

7号棒针

编 织 方 法

① 用段染粗羊绒线起 30 针，用正反面都是下针的上下针编织法织 26 行，织成 1 个长方形的织片。

② 用同色线在织片的左右两侧做穗儿即可。

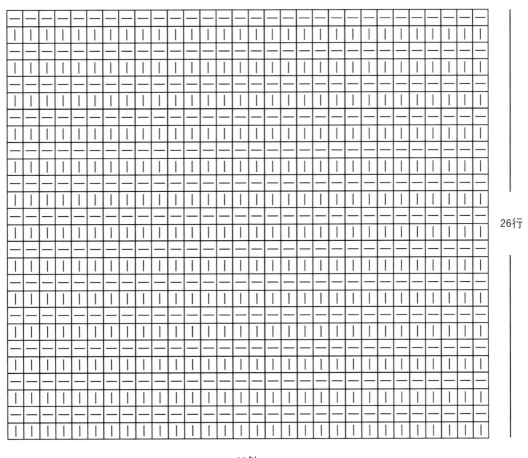

26行

30针

花样图

心形脚踏垫

材 料

红色粗毛线

工 具

8号棒针

编织方法

① 用红色粗毛线起 3 针，从第 2 行开始每行每侧各加 1 针，织 28 行加至 57 针。

② 不加不减织 22 行后，两侧各减 1 针。

③ 织 3 行后，分左右片编织（详见心形脚踏垫花样图）。

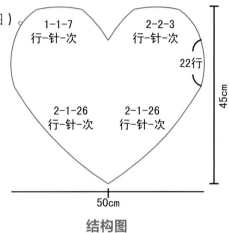

1-1-7
行-针-次

2-2-3
行-针-次

22行

2-1-26
行-针-次

2-1-26
行-针-次

45cm

50cm

结构图

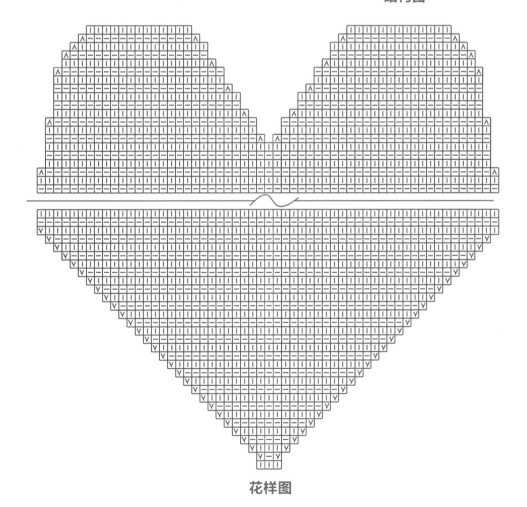

花样图

连衣裙卡包

材 料

白色羊毛线，缝线

工 具

3号棒针，2号钩针，缝针

编织方法

① 前后衣片各用3号棒针起20针，再用1行是下针1行是上针（下针编织）的织法，织20行。然后做袖下加针6行。

② 后片继续织袖口6行，然后做后领减针。前片则继续织2行后，做前领减针。

③ 将前后片的肩部缝合，再将前后片的侧边缝合。

④ 用2号钩针钩织，前片13针，后片18针。

⑤ 用钩针钩出裙摆部位，共3行。裙边第1行翻至反面，缝合在衣片下摆。

⑥ 用钩针钩出小花朵，钩完后不要断线，接着钩提带。

⑦ 将花朵和提带缝合在连衣裙上即可。

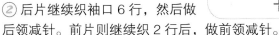

卡包结构图　　　　花朵花样图

R=行　　　X=针

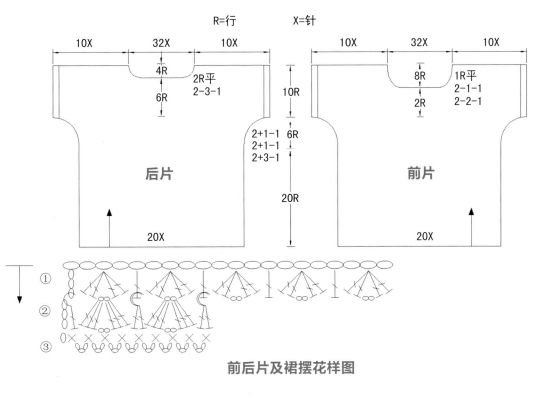

前后片及裙摆花样图

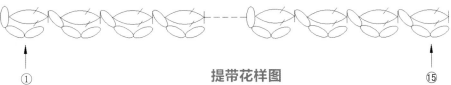

提带花样图

编织小物

火红书套

材 料

暗红色混纺线，缝线

工 具

3号棒针，缝针

编织方法

① 用暗红色混纺线起30针，织1行下针后，根据花样图织方格图案，每个方格为1组花样，需横向织7组花样、28针。

② 向上织100行、20组花样后，结束，织成1个长方形织片。

③ 将织片对折，把两侧缝合即可。

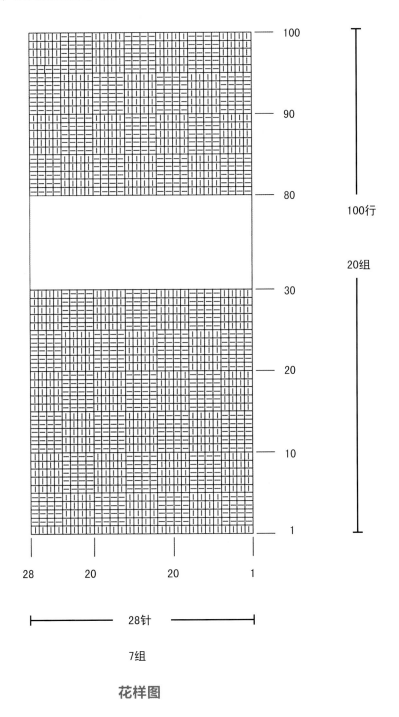

花样图

绿色段染口金包

材 料

绿色段染马海毛，金色金银线少许，8.5cm方口金1个

工 具

6号棒针，缝针

编织方法

① 用绿色段染马海毛起21针，织6行1针上针1针下针的螺纹边，在袋口加3针，织44行下针，减3针，再织6行1针上针1针下针的螺纹边做袋口。

② 将织物对折缝合。

③ 缝上口金即可。

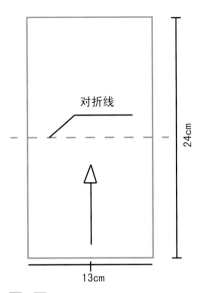

结构图

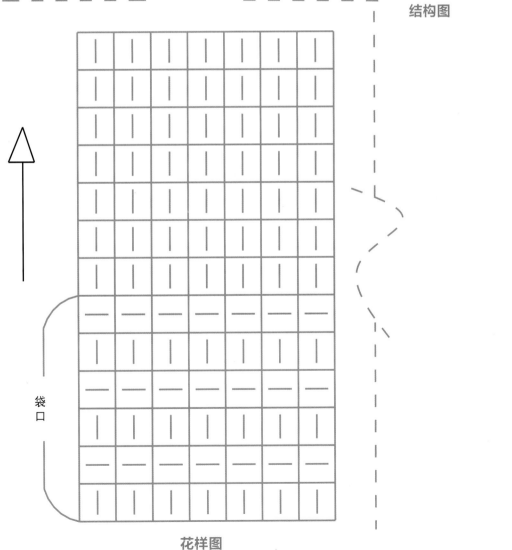

花样图

一天即可完成的 编织小物

荷叶边挽手袋

材料

灰绿色中粗混纺毛线，15cm手挽口金1个

工具

5号棒针，缝针

编织方法

① 用灰绿色中粗混纺毛线按照花边花样图先织6条荷叶花边，织好后，均用线穿好针上所有的线圈，将棒针退出。

② 接下来从包底位置开始，均用下针织袋身，在相应位置将花边的线圈与正在编织的袋身采用并针连接，袋身每侧连3条。织好一侧，再从包底位置挑针用相同方法织另外一侧。

③ 袋口用1针下针1针浮针的方法编织，花样见手袋花样图袋口针法，编织成1个中空的织片以备穿口金用。

④ 将织好的带有6条荷叶花边的长方形织物对折缝合，再将口金穿入留好的袋口处缝上即可。

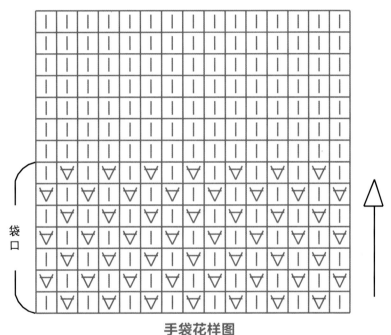

手袋花样图

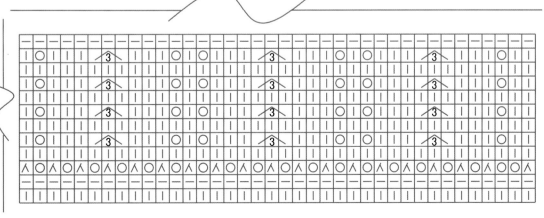

花边花样图

一手即可完成的 **编织小物**

夜空小手枕

材 料

蓝色混纺线，白色混纺线，黄色混纺线，棉花，缝线，白布

工 具

3号棒针，缝针

编织方法

① 用蓝色混纺线起24针，再用正面是下针、反面是上针的织法（下针编织）织37行，织出1个长方形织片。

② 用黄色混纺线与白色混纺线在织片上刺绣，黄色线绣月亮，白色线绣星星。

③ 裁剪白布，大小比织片稍大一点儿。

④ 在白布与织片中塞入棉花，缝合起来即可。

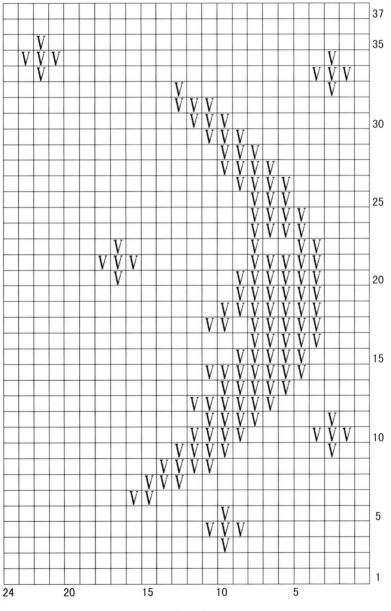

V=刺绣位置

花样图

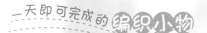

灰绿色束口袋

材料

灰绿绞股线，装饰绳1.5m，防滑卡扣1对

工具

5号棒针，缝针

编织方法

① 用灰绿绞股线起30针，织48行花样，编织花样详见花样图。

② 袋底以1行上针 1行下针的方式交错织18×2行。

③ 织48行袋身花样后，收口，袋身完成。

④ 将织物对折缝合，在距袋口2cm处穿入装饰绳，并在装饰绳末端各穿入 1 对防滑卡扣。

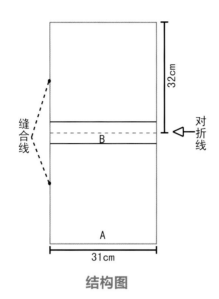

结构图

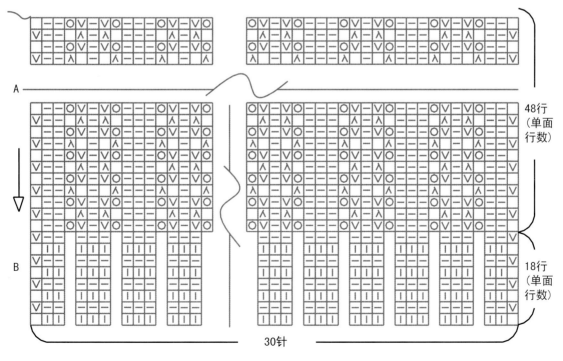

花样图

马海毛护腿

材料

紫色马海毛

工具

4号棒针

编 织 方 法

① 用紫色马海毛一圈起66针，织1针上针1针下针的螺纹边，共织10行。

② 根据花样图编织护腿身。

③ 收口织1针上针1针下针的螺纹边，共织10行。

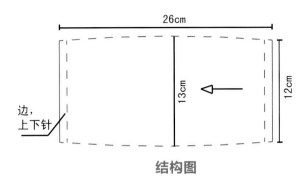

结构图

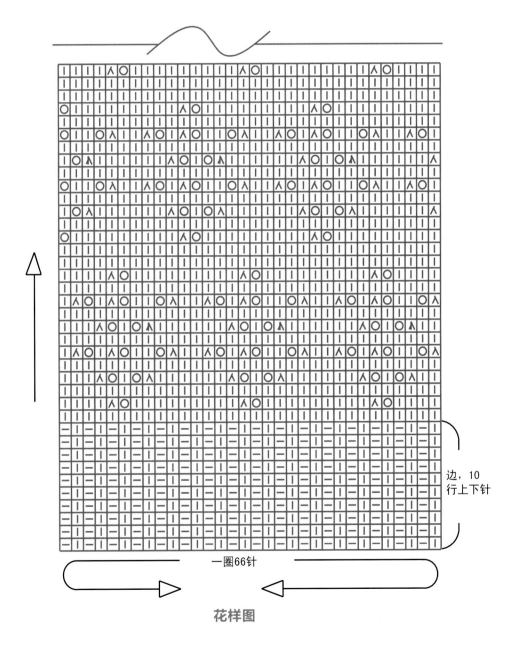

一圈66针

花样图

贴心半指手套

材料
卡其色花毛线，兔子头装饰2枚

工具
4号棒针，缝针

编 织 方 法

① 用卡其色花毛线起44针，腕口处织18行1针上针 1 针扭下针的螺纹边。

② 加减针方法详见花样图。

③ 大拇指和手掌收口处，织5行1针上针1针扭下针的螺纹边。

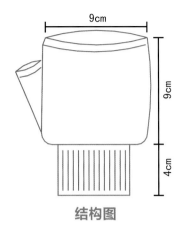

9cm

9cm

4cm

结构图

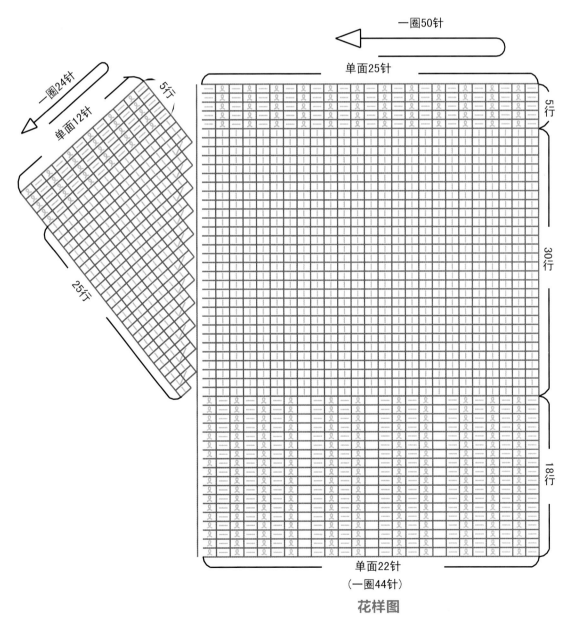

一圈50针

单面25针

5行

30行

18行

一圈24针

单面12针

5行

25行

单面22针

（一圈44针）

花样图

条纹地毯鞋

材料

橘色棉线，白色棉线，黄色扣子2枚

工具

3号棒针，缝针

编·织·方·法

① 用橘色棉线起针与白色棉线间隔织全下针，即来去都是下针，按照花样图编织好一个21cm×21cm的正方形织物。

② 按照结构图所示将A与A、B与B用缝针缝合，未缝合处沿虚线翻至鞋面。

③ 将端点与鞋面用黄色扣子缝缀。

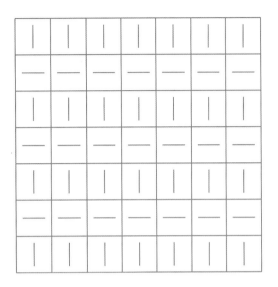

花样图

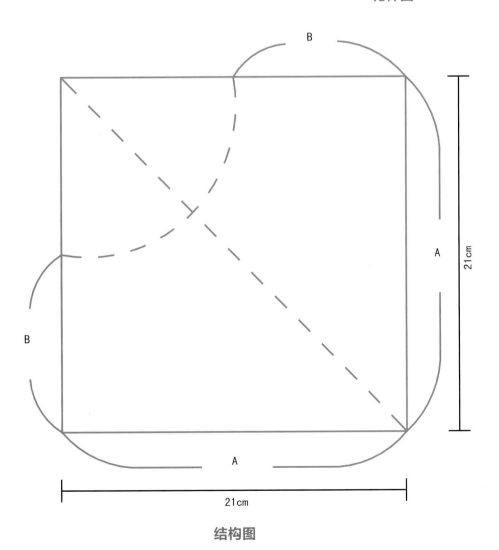

结构图

多彩手套小挂件

材料

彩色毛线，手机绳1条

工具

2号棒针

编织方法

① 用彩色毛线起10针，织9行，再根据花样图和结构图编织。

② 编织好之后，根据款式图在合适的位置装上手机绳。

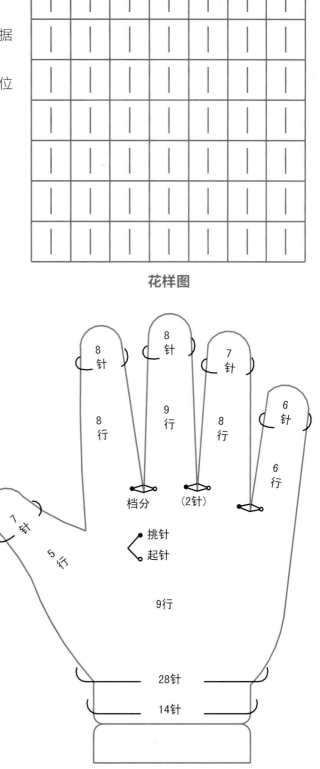

花样图

款式图

结构图

圣诞靴子小挂件

材料

红色宝宝绒，白色宝宝绒

工具

13号棒针

编织方法

① 如图，用红色宝宝绒起15针，织45行上下针。

② 沿着鞋底的四边，挑针织鞋帮。用平针织3圈后，加白色宝宝绒织花纹。

③ 织完花纹后，再织2圈平针，从鞋底前1/2处向上织鞋面。鞋面为12行上下针组合。

④ 从鞋底向上的后1/2处继续向上织鞋帮。鞋帮与鞋面结合。

⑤ 从鞋面向上织5圈鞋帮后，用白色和红色宝宝绒拼接织四圈靴子边缘。

⑥ 再用红色宝宝绒编织小花朵缝在靴子上做装饰。

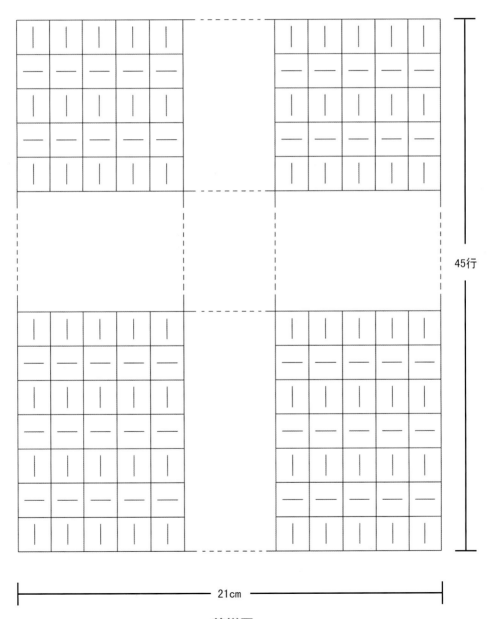

45行

21cm

花样图

粉色马海毛小挂件

材料

粉色粗马海毛，心形扣1枚，装饰珠2枚，手机绳1条

工具

6号棒针，缝针

编织方法

① 用粉色粗马海毛起10针，织10行，详细针法见花样图。

② 根据款式图在合适的位置扣好心形扣，再将装饰珠穿好，最后装上手机绳即可。

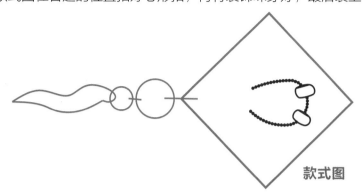

款式图

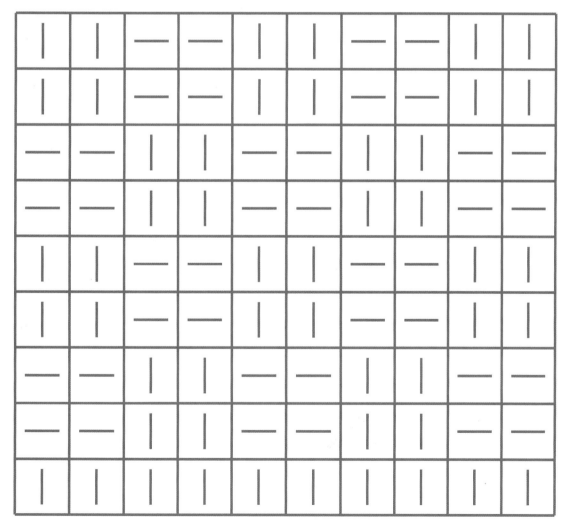

花样图

彩色葫芦小挂件

材料

各色水晶彩毛线，各色纯棉丝光线，缎带，填充棉，手机链1条

工具

3号棒针

编 织 方 法

① 起12针，每钩 1 针加1针，隔行加，加2次，一圈加至36针后，不加不减织15行。

② 每钩 1 针减1针，隔行减，减 2 次，一圈减至12针。

③ 在12针的基础上，每钩1针加1针，加 1 次，一圈加至24针，不加不减织 8 行。

④ 每钩1针减1针，隔行减，减 2 次，一圈减至6针，织一行收口。

⑤ 在葫芦底部装入填充棉，装好以后，用尾线穿过起针的12针线圈，一次拉紧，装上手机链即可。

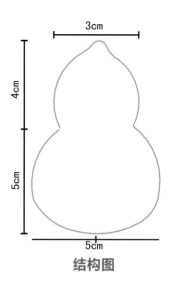

结构图

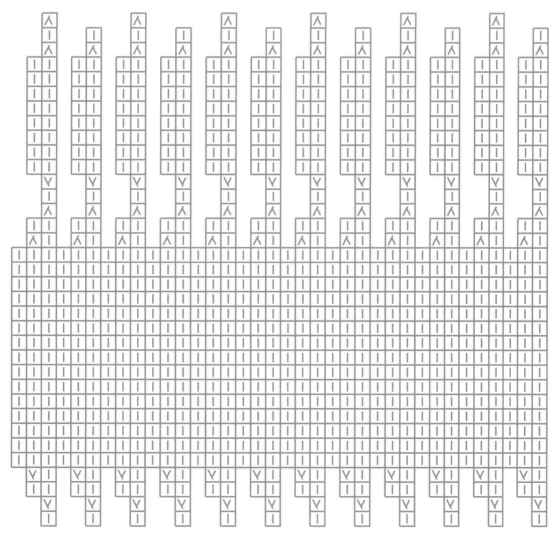

花样图

作品集锦

Part 3
钩针钩编生活

白色婴儿鞋

材 料

漂白色纯棉丝光线，玫红色纯棉丝光线

工 具

1.5mm钩针

编织方法

① 鞋底用漂白色纯棉丝光线起 21 针辫子针；第2行，在鞋头和鞋跟部位分别钩织 8 针长针，鞋子的中部以辫子针为中心两侧分别钩织 16 针长针；第 3 行，在鞋头加 8 针长针，鞋跟部位加 8 针中长针，鞋子的中部以辫子针为中心两侧分别钩织 8 针长针和 6 针中长针；第4行，在鞋头加 14 针长针，鞋跟部位加 12 针中长针，鞋子的中部以辫子针为中心两侧分别钩织 7针长针和 8 针中长针，详见鞋底图。

② 鞋帮钩织 3 行长针，第3行在鞋跟两侧各减 1 针；第 4 行整行中长针在鞋跟两侧各减1 针，与鞋面连接；第5行钩织1 行倒退短针，详见鞋帮图。

③ 鞋面圆心钩织 5 针辫子针，第 2 圈钩织10 针长针；第 3 圈钩织 10 针长针隔 1 针加1 个辫子针；第 4 圈在第3圈每个长针上钩织 1 个 V 形针，详见鞋面图。

④ 钩织 1 条 80 针辫子针的带子，两端连接两朵钩织好的3 瓣小花作鞋带，详见鞋带图。

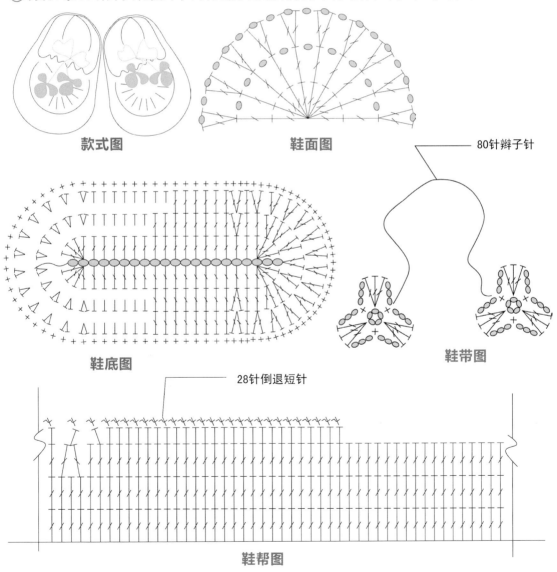

款式图

鞋面图

80针辫子针

鞋底图

鞋带图

28针倒退短针

鞋帮图

紫色婴儿鞋

材料

淡紫色棉线，白色棉线，淡粉色缎带 1m

工具

1.5mm钩针

编织方法

①宝贝鞋按各图所示钩织，图中淡紫色代表白色棉线，黑色代表淡紫色棉线。

②鞋底用白色棉线起21针辫子针，再按鞋底图接淡紫色棉线钩织。

③鞋帮用淡紫色棉线钩织1行长针，再按鞋帮图钩织。

④鞋面独立花圆心用白色棉线起5针辫子针，再按鞋面图接淡紫色棉线钩织。

⑤用缎带由鞋面独立花起，在鞋帮上选取3个点穿过，由鞋面独立花穿出，在鞋口处打蝴蝶结。

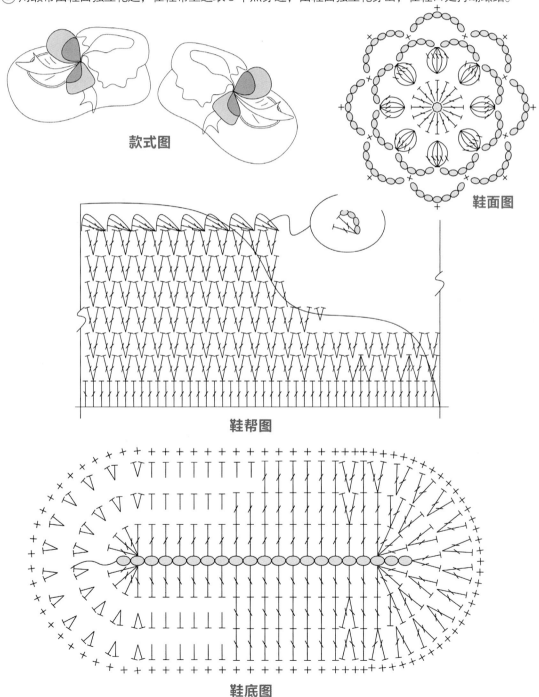

款式图

鞋面图

鞋帮图

鞋底图

黄色婴儿鞋

材料

明黄色纯棉丝光线，乳白色缎带 1m

工具

1.5mm钩针

编织方法

① 鞋底起 21 针辫子针；第 2 行，在鞋头和鞋跟部位分别钩织 8 针长针，鞋子的中部以辫子针为中心两侧分别钩织 16 针长针；第 3 行，在鞋头加 8 针长针，鞋跟部位加 8 针中长针，鞋子的中部以辫子针为中心两侧分别钩织 8 针长针和 6 针中长针；第 4 行，在鞋头加 14 针长针，鞋跟部位加 12 针中长针，鞋子的中部以辫子针为中心两侧分别钩织 7 针长针和 8 针中长针；第 5 行，沿着鞋底钩织 1 圈由辫子针组成的狗牙花边，详见鞋底图。

② 鞋帮钩织 3 行 V 形长针，与鞋面连接好后，连接缝位置钩织 1 圈狗牙针，接下来再钩织第 4 行。第 4 行在鞋口两侧各钩织 1 针中长 V 形针，第 5 行钩织 1 行长针与 2 针辫子针，形成方格以备穿缎带用。第 6 行和第 7 行按图示钩织，详见鞋帮图。

③ 鞋面圆心钩织 5 针辫子针；第 2 圈钩织 10 针长针；第 3 圈钩织 10 针长针隔 1 针加 1 个辫子针；第 4 圈钩织 10 针长针隔 1 针加 3 针辫子针，详见鞋面图。

④ 将乳白色缎带在鞋帮绕 1 圈，在鞋面处系蝴蝶结。

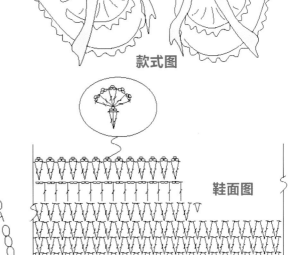

款式图

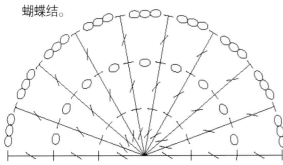

鞋帮图

鞋面图

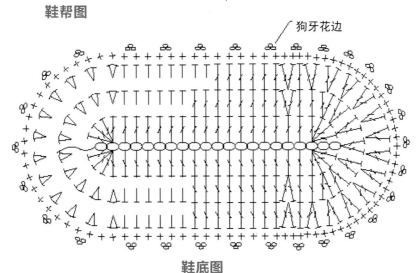

狗牙花边

鞋底图

蓝色
口金包

材料

蓝色中粗棉线，蓝色珠子，8cm口金1个

工具

2.0mm钩针，缝针

编织方法

① 此口金包用蓝色中粗棉线编织。第1行起5针辫子针。

② 第2行圈钩16针短针。

③ 第3行圈钩2针长针1针辫子针，重复8次，含立起3针辫子针。

④ 第4行圈钩2针长针1针辫子针2针长针，重复8次，含立起3针辫子针。

⑤ 第5行圈钩8组扇子花。

⑥ 第6行圈钩10组扇子花，加针在包两侧。

⑦ 第7行圈钩12组扇子花，与第6行扇子花错开，加针在包两侧。

⑧ 第8行圈钩12组扇子花，与第7行扇子花错开。

⑨ 第9行圈钩12组扇子花，与第8行扇子花错开。

⑩ 第10行同第8行。

⑪ 第1行同第9行。

⑫ 第十二行在包一侧开始片钩5组扇子花。

⑬ 第13行至第16行片钩扇子花。

⑭ 在包的另外一侧重复第12至第16行花样，详见包身图。

⑮ 在包口钩织3行短针，详见包口图。

⑯ 将口金缝合在钩织好的包口处，每针缝缀1粒蓝色珠子即可。

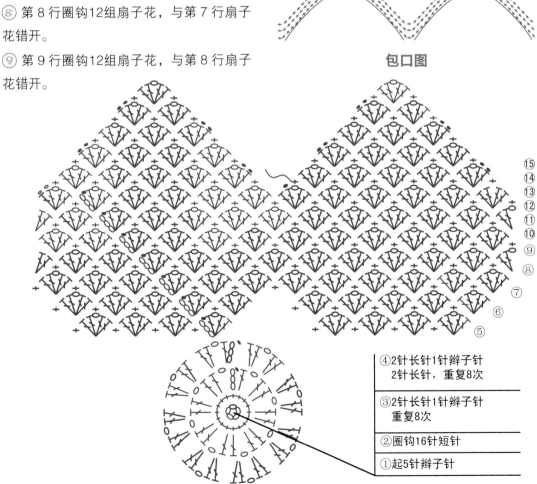

包口图

④2针长针1针辫子针 2针长针，重复8次
③2针长针1针辫子针 重复8次
②圈钩16针短针
①起5针辫子针

包身图

段染口金包

材料
段染棉麻线，七彩珠子，8cm口金1个

工具
3.0mm钩针，缝针

编织方法

①此口金包用段染棉麻线编织。第1行起6针辫子针，圈钩4组扇子花。

②第2行圈钩6组扇子花，加针在包两侧。

③第3行圈钩8组扇子花，加针在包两侧。

④第4行圈钩8组扇子花，与第3行扇子花错开

⑤第5行圈钩8组扇子花，与第4行扇子花错开。

⑥第6行圈钩8组扇子花，与第5行扇子花错开

⑦第7行圈钩8组扇子花，与第6行扇子花错开。

⑧第8行在包一侧开始片钩3组扇子花。

⑨第9行片钩2组扇子花。

⑩第10行钩1组扇子花。

⑪在包的另外一侧重复第8至第10行花样，详见包身图。

⑫在包口钩织3行短针，详见包口图。

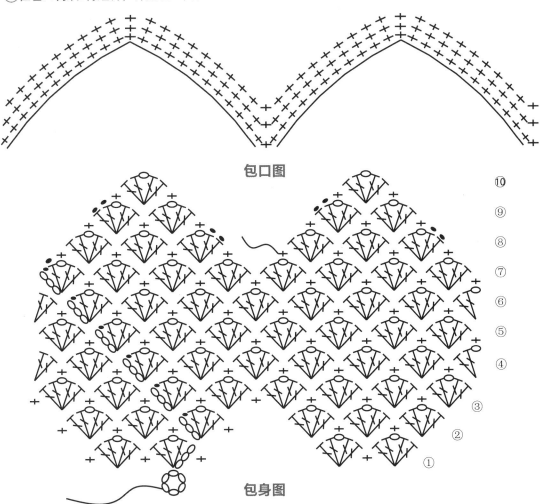

包口图

包身图

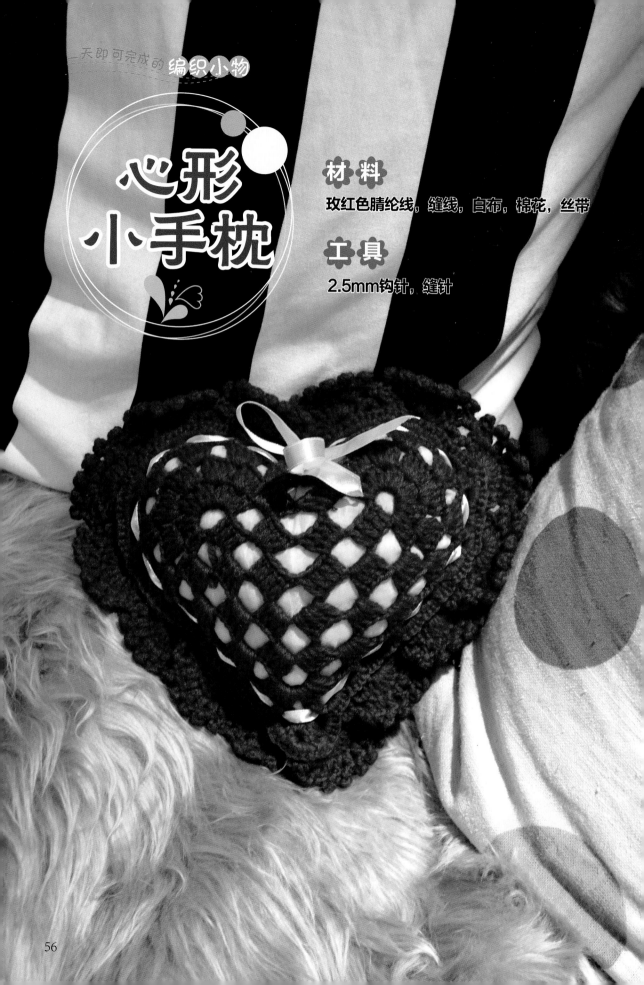

一天即可完成的 **编织小物**

心形
小手枕

材 料

玫红色腈纶线，缝线，白布，棉花，丝带

工 具

2.5mm钩针，缝针

编织方法

① 用玫红色腈纶线起 28 针辫子针，根据花样图钩出两片心形编织片。

② 根据心形的大小，用白布制作一个等大的芯，芯里塞入棉花。

③ 将两片心形编织片重合，根据花样图钩一层装饰边，钩到一大半的时候塞入上而做好的棉花芯。

④ 制作完成后，将丝带穿入作为装饰。

★处为起针行，黑色为穿丝带处

花样图

黄色小香包

材料

黄色腈纶线，银色丝带，干花

工具

2.3mm钩针，缝针

① 此小香包用黄色腈纶线编织。起8针辫子针，根据花样图钩出1个正方形织片。

② 同样编织第2个织片，将两个织片的3个边连接起来，形成1个小包。

③ 把干花塞入小包内，系上银色丝带，扎紧。

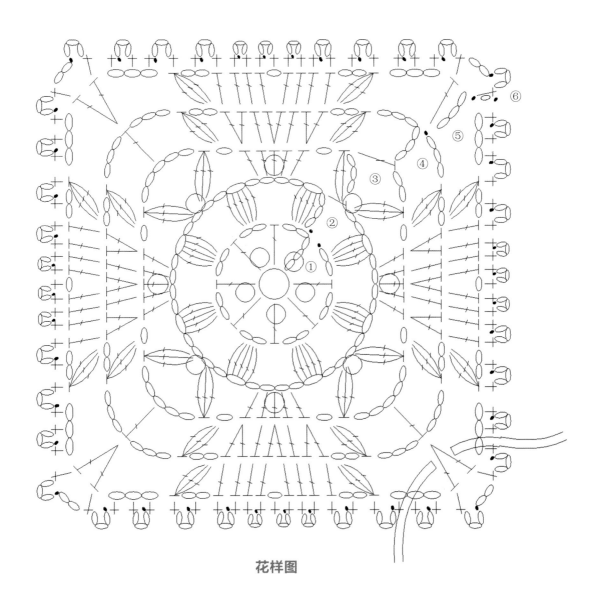

花样图

民族风单肩小包

材料

红色混纺线，蓝色混纺线，果绿色混纺线，橙色混纺线

工具

2.5mm钩针，缝针

编织方法

① 用红色混纺线起 6 针辫子针，如图钩出 1 个六边形织片。在钩的过程中，可交叉使用 4 种颜色的线，形成带花样的图案。

② 用同样的方法钩出第 2 片织片，将两片缝合起来。

③ 用辫子针钩出包带，缝合在包口。

2片

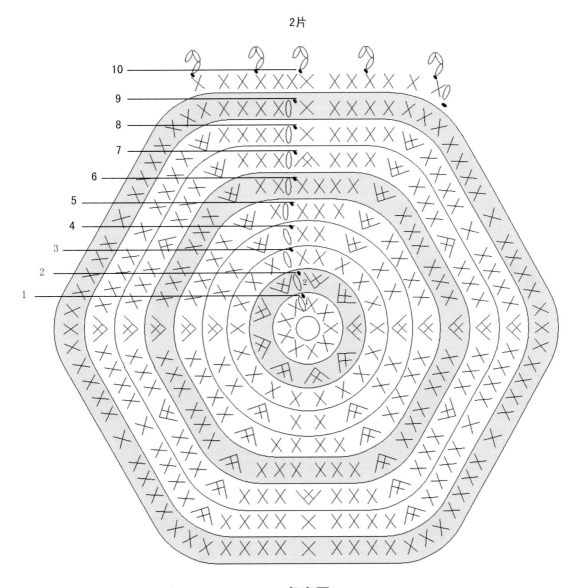

包身图

花样拼接包

材料

玫红色混纺线，红色混纺线，蓝色混纺线，黄色混纺线，橘色混纺浅

工具

2.5mm钩针，缝针

编 织 方 法

①起8针辫子针，根据包身图钩出1片方形织片。

②用同样的方法钩出8片织片，每4片织片用一种花色，共A、B两种花色：

A 花色从里至外的颜色为：黄色、蓝色、红色。

B 花色从里至外的颜色为：橘色、蓝色、玫红色。

③将8片织片缝合起来。

④根据包带图用玫红色混纺线钩出包带，做出流苏。

包带（1条）

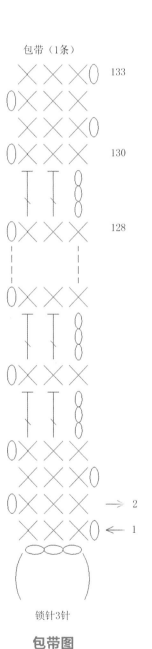

包身（8片）

包身图

锁针3针

包带图

编织小物

红色
小手袋

材 料

红色空心丝光线，玫红色空心丝光
线，黄色空心丝光线

工 具

2.5mm钩针

编织方法

① 用红色空心丝光线起 6 针辫子针，根据包底图钩
出圆形的包底。

② 从包底的边缘挑针，向上钩出包身。

③ 根据花边图用红色空心丝光线钩出花边。

④ 用黄色空心丝光线与玫红色空心丝光线钩辫子
针，钩出包带。

⑤ 将包带穿在花边与包身的交接处。

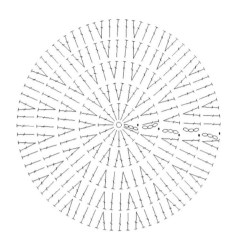

包底图

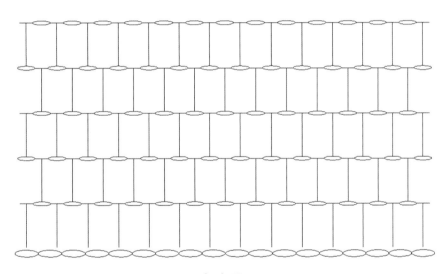

包身图

花边图

一天即可完成的 *编织小物*

蓝色小手袋

材料

蓝色腈纶线，白色腈纶线

工具

2.5mm钩针

编织方法

① 用蓝色腈纶线起9针辫子针，根据包身图和花边图钩出小包。

② 用3股白色腈纶线编小辫，作为包带。

③ 把包带穿在如图所示的位置。

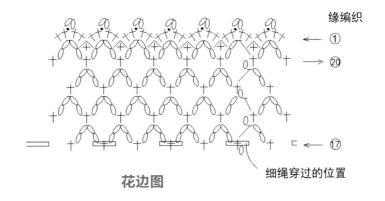

缘编织

① ← ①

→ ⑳

← ⑰

细绳穿过的位置

花边图

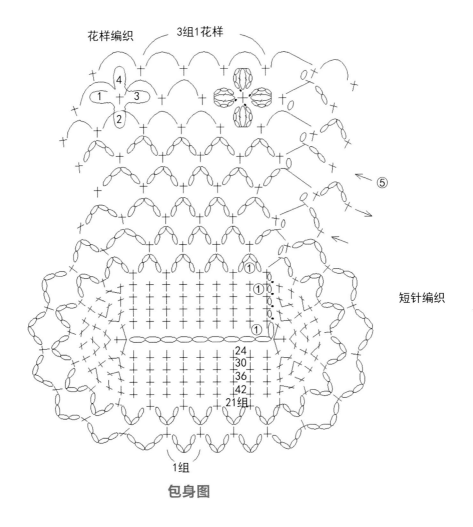

花样编织

3组1花样

短针编织

24
30
36
42
21组

1组

包身图

提篮收纳盒

材 料

粉色腈纶线，白色腈纶线，玫红色腈纶线

工 具

2.0mm钩针

编织方法

①用粉色腈纶线起6针辫子针，钩8行，钩出篮子的圆形底部。

②用白色腈纶线钩5行，钩出篮身。

③最后用玫红色腈纶线钩出篮子的提手部分。

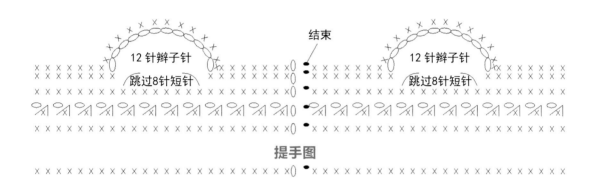

结束

12针辫子针

跳过8针短针

12针辫子针

跳过8针短针

提手图

篮身图

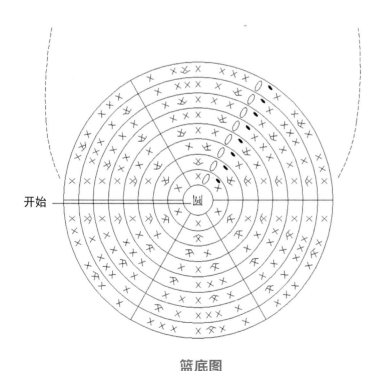

开始 ⊙圆

篮底图

行数	针数
16	54
15	32短针+24锁针
14	48
9~13	48
8	48
7	42
6	36
5	30
4	24
3	18
2	12
1	6

钩针小提篮

材料

蓝色腈纶线，肉粉色腈纶线，缝线，透明扣子

工具

2.0mm钩针，缝针

编织方法

①根据篮底图和篮身图用肉粉色腈纶线钩出篮底与蓝身，其中第10行用蓝色腈纶线来钩。

②用蓝色腈纶线钩出篮子的花边。

③用蓝色腈纶线起28针辫子针，再根据提手图钩出提手。

④将提手缝在篮子上，再缝上透明扣子作装饰即可。

行数	针数
16	48短针+16结粒针
11~15	48
10	48
8~9	48
7	42
6	36
5	30
4	24
3	18
2	12
1	6

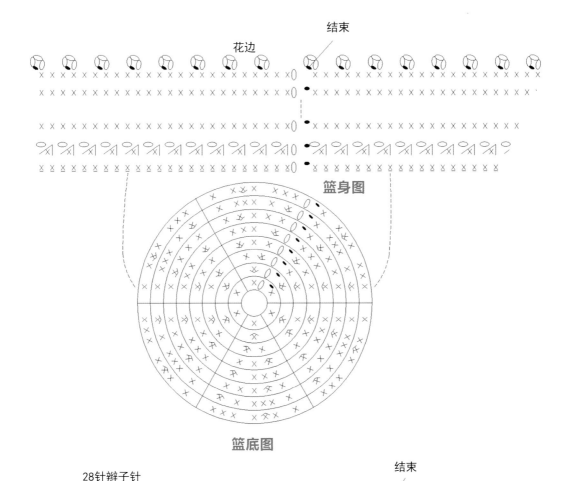

花边　结束

篮身图

篮底图

28针辫子针　结束

提手图

白花抱枕

材料

白色羊毛线，缝线，素色抱枕

工具

0.75mm钩针，缝针

编织方法

①用白色羊毛线起8针辫子针，根据花样图钩出花朵形织片。

②用针线将花朵形织片缝合在素色抱枕中间位置即可。

花样图

花边绿色抱枕

材料

黑色羊毛线，缝线，素色抱枕

工具

2.5mm钩针，缝针

编织方法

① 根据花样图用黑色羊毛线钩出 4 片长条形花边。

② 用针线将 4 条花边分别缝合在素色抱枕的上下两侧。

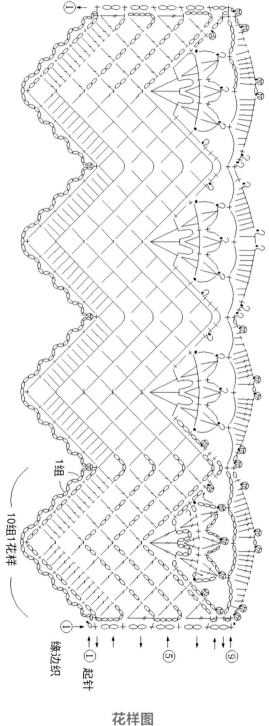

花样图

莲花小杯垫

材 料

藕荷色空心丝光线

工 具

2.5mm钩针

编 织 方 法

① 用藕荷色空心丝光线起8针辫子针。

② 根据花样图编织即可。

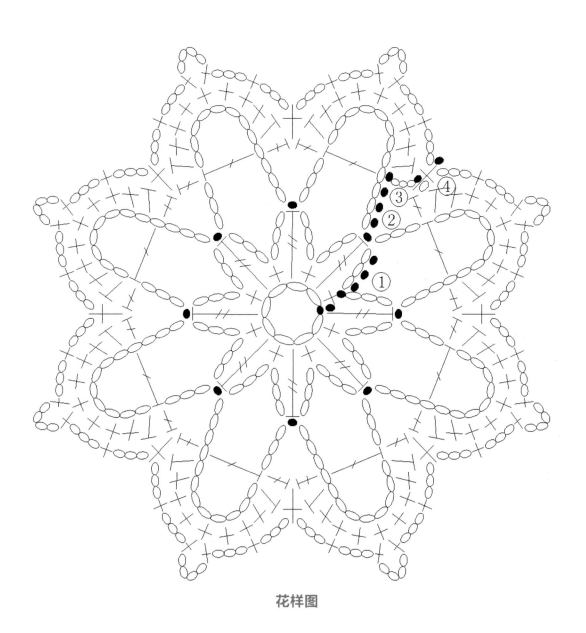

花样图

花瓣小杯垫

材 料

肉粉色腈纶线，玫红色腈纶线，紫色腈纶线

工 具

2.5mm钩针

编 织 方 法

① 用玫红色腈纶线起8针辫子针。

② 如图，钩出花形织片。

③ 用同样的方法钩出2片织片，每片织片的花心都用玫红色腈纶线钩织，但第一层花瓣与第二层花瓣用紫色腈纶线与肉粉色腈纶线交替钩织。

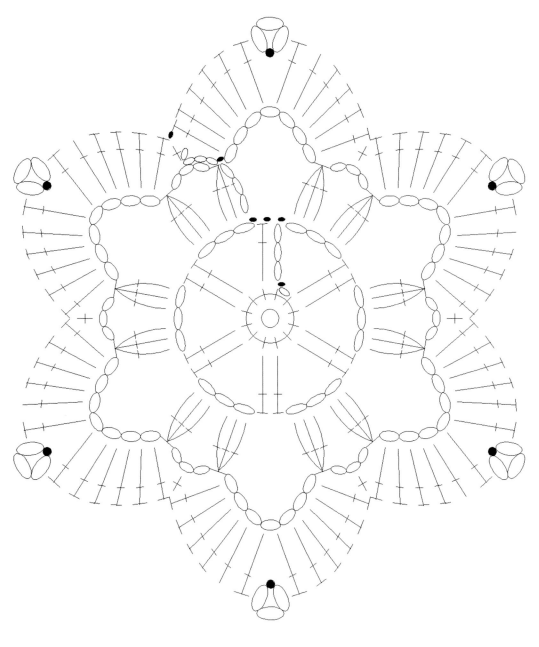

花样图

白色杯垫

材料

白色纯棉丝光线

工具

1.2mm钩针

编织方法

①用6股白色纯棉丝光线钩织。

②起6针辫子针结圈，再按花样图钩织。

花样图

玉米粒杯垫

材料

秋香绿色纯棉丝光线，黄色纯棉丝光线，橘红色金银丝线

工具

1.5mm钩针

编 织 方 法

①用黄色纯棉丝光线和橘红色金银丝线合股钩织，起5针辫子针结圈，按花样图钩织中心部分，注意保持玉米粒针的大小一致。

②钩织至第5圈时，接秋香绿色纯棉丝光线钩织余下的部分。

花样图

四连花形小杯垫

材料

白色棉线

工具

2.0mm钩针

编 织 方 法

①用白色棉线起 10 针辫子针。

②如花样图钩出 4 个花朵并用引拔针连接起来。

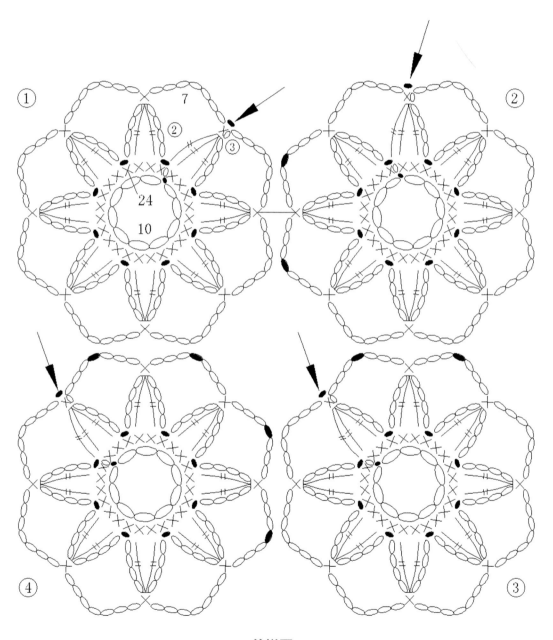

花样图

绿色壶垫

材料
绿色混纺线

工具
2.5mm钩针

编 织 方 法

① 用绿色混纺线环状起针。

② 如花样图钩出 1 个圆形织片，每圈的锁针数量要逐渐增加。

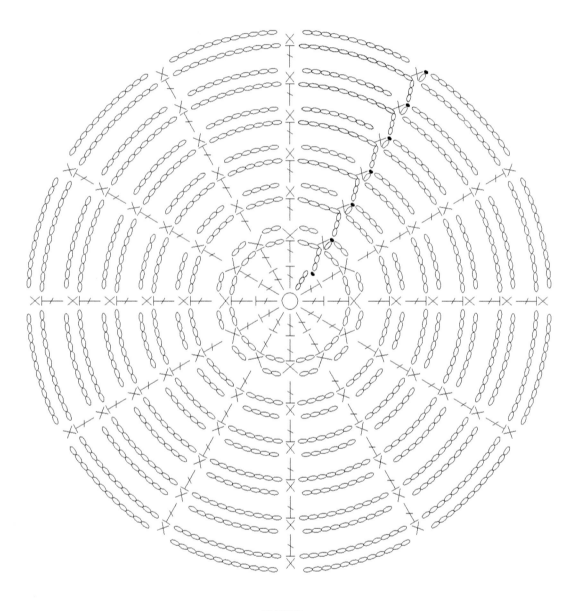

花样图

红黑隔热垫

材料

黑色混纺线，红色混纺线，缝线，塑料圆环

工具

2.5mm钩针，缝针

编织方法

①用黑色混纺线起6针辫子针，如图钩出1个织片。

②在钩的过程中，可交替使用黑色混纺线与红色混纺线，最外一圈的花边使用黑色混纺线。

③用塑料圆环和黑色混纺线钩出1个挂圈，缝在织片上即可。

花样图

花边隔热垫

材 料

枣红色混纺线，白色混纺线，缝线，塑料圆环

工 具

2.5mm钩针，缝针

编 织 方 法

① 用白色混纺线起6针辫子针。

② 如图钩出 1 个织片，最外面一圈花边使用枣红色混纺线。

③ 用塑料圆环和枣红色混纺线钩出 1 个挂圈，缝在织片上即可。

花样图

粉色装饰垫

材 料

粉色冰丝线，粉色焕彩金银线

工 具

1.9mm钩针

编 织 方 法

① 将3股粉色冰丝线和粉色焕彩金银线合股钩织，起5针辫子针结圈，再钩织24针长针。
② 依照装饰垫花样图所示完成装饰垫的钩织。

花样图

粉色冰丝线针插

材 料

粉色冰丝线，粉色针织布，枕芯棉

工 具

0.9mm 钩针，缝针

编 织 方 法

① 用 1 股粉色冰丝线钩织，起 5 针辫子针，按主花图钩织 2 片花样。

② 将粉色针织布裁剪成 2 个直径约 12cm 的圆，缝合，均匀填充枕芯棉。

③ 按花边图钩织花边，钩织的同时把缝制好的芯填充到其中。

④ 按挂绳图钩织好挂绳，并安装在针插相应的位置上。

主花图

花边图

叠针

挂绳图

煎蛋小针插

材料

白色纯棉丝光线，黄色纯棉丝光线，枕芯

工具

1.5mm钩针

编织方法

①用黄色纯棉丝光线起6针辫子针结圈，再按中心花样图钩织2片中心花样。

②将2片中心花样合起，用白色纯棉丝光线钩织第1圈短针到2/3处留口，填充适量枕芯棉。再按花样图钩织余下的部分。

③针插完全钩好之后，用缝针适当挑一下枕芯棉，使外形均匀、平滑。

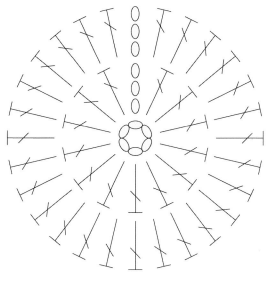

中心花样图

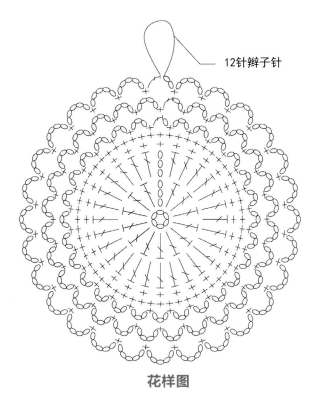

12针辫子针

花样图

一天即可完成的**编织小物**

湖蓝色手链、项链

材 料

湖蓝色曲珠线，浅绿色金银丝线，龙虾扣2付，纺锤式亚克力吊坠1枚

工 具

2.5mm钩针

编织方法

①用4股湖蓝色曲珠线加浅绿色金银丝线合股钩织。

②手链起20针辫子针，再按手链花样图钩织，钩织过程中直接在手链两侧加上龙虾扣。

③项链起60针辫子针，再按项链花样图钩织，纺锤式亚克力吊坠及龙虾扣在钩织过程中直接镶嵌。

手链花样图　　　　　　　**项链花样图**

蝴蝶发簪

 材料

白色段染混纺线，天蓝色混纺线，缝线，发簪

 工具

2.0mm钩针，缝针

编织方法

①用白色段染混纺线起8针辫子针，再根据花样图钩织好织片，最后1圈用天蓝色混纺线钩织。

②钩完织片后，将其对折，在中间缝合。

③用天蓝色混纺线钩两段辫子针作为蝴蝶的触角。

④将蝴蝶缝合在发簪的尾部即可。

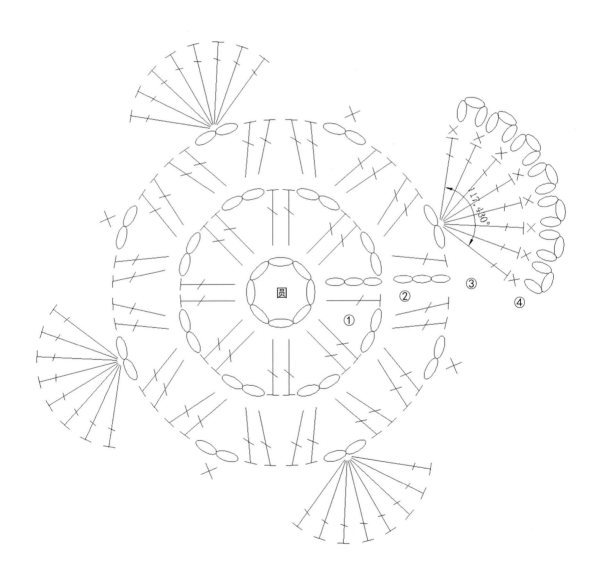

花样图

桃心发夹

材料

黄色空心丝光线，银色缎带，白色花边，金属小夹子，热熔胶，缝线

工具

1.75mm钩针，缝针

编织方法

①用黄色空心丝光线起15针辫子针，再根据花样图钩出2个心形织片。

②用针线把银色缎带与白色花边缝在织片的反面边缘。缝合的时候要做出褶皱。

③用热熔胶把金属小夹子粘在织片反面。

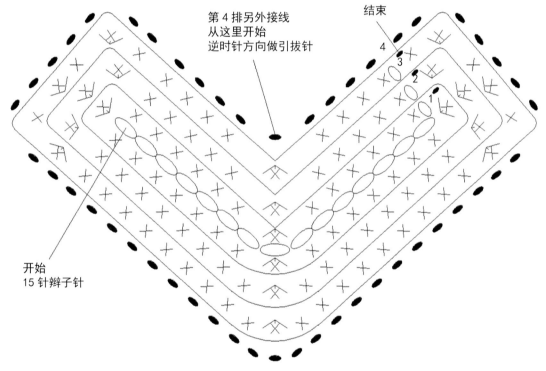

第4排另外接线
从这里开始
逆时针方向做引拔针

结束

4
3
2
1

开始
15针辫子针

花样图

行数	针数
4	48
3	48
2	42
1	36

曲珠项链

材料

嫩绿色曲珠线，白色珠子，白色珍珠扣2颗

工具

3.0mm钩针

①用嫩绿色曲珠线起100针辫子针，在第2行钩织1行短针，第3行钩织34针长针，每针间隔2针锁针。然后，在第4行钩织33组5针1组的辫子针间隔短针，第5行钩织11个扇子针，钩织方法详见花样图。

②在100针辫子针的另一侧钩织同数的短针，接下来钩织吊穗子。每个穗子由5颗珠子组成。

③在项链两端各缝缀1颗白色珍珠扣。

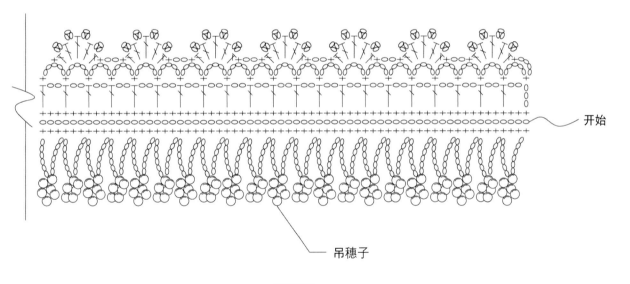

开始

吊穗子

花样图

小熊发圈

材料

粉红色毛线，白色毛线，黑色毛线，红色玫瑰花 1 朵，黑色珠子 2 颗，发圈 1 个，PP 棉

工具

2.0mm 钩针，缝针

编 织 方 法

① 头部用粉红色毛线起5针辫子针，以下均为短针钩织，按头部图均匀加针钩织至8行。然后，不加针不减针钩12行，再均匀减针4行，留置一小开口，将PP棉填充适量，手感到紧实、柔软时，即可封口。

② 耳朵用粉红色毛线起2针辫子针，以下均为短针钩织，钩2行短针。钩好后，缝于头部上方。

③ 鼻子用白色毛线起5针辫子针，再根据鼻子图钩织。钩好后，缝于头部。

④ 将眼睛装好，在鼻子上用黑线缝出嘴巴和鼻头。

⑤ 把发圈缝在头部背面即可。

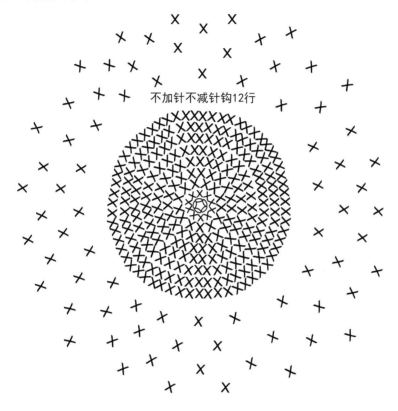

头部图

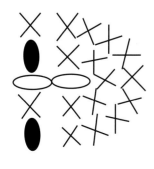

耳朵图

鼻子图

抱抱猴挂件

材料

白色、红色、蓝色、肉色、棕色毛线，棉花，缝线，热熔胶，钥匙环（或者挂绳），活动式眼睛

工具

2.0mm钩针，缝针

编织方法

①根据各图钩出身体各个部位。

②除了面部之外，将棉花塞入各个部位。

③参照结构图将各个部位缝合起来。

④在面部粘上眼睛，缝出鼻子与嘴巴。

⑤把钥匙环（或者挂绳）挂头部或者背部即可。

头部编织表

行数	针数
14	12
13	18
12	24
11	30
10	30
9	30
8	30
7	30
6	30
5	30
4	24
3	18
2	12
1	6

面部编织表

行数	针数
4	30
3	19
2	14
1	6

嘴巴编织表

行数	针数
5	16
4	16
3	16
2	16
1	7

头部图

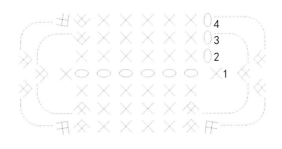

面部图

嘴巴图

身体（1个）

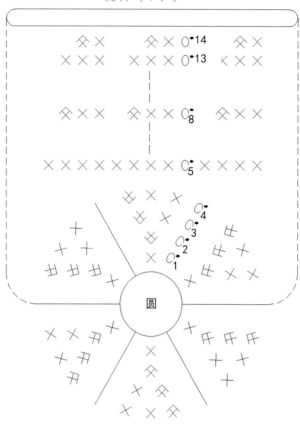

身体图

身体编织表

行数	针数
14	12
8~13	18
4~7	24
3	18
2	12
1	6

四肢编织表

行数	针数
5~24	9
4	12
3	12
2	12
1	6

四肢（4个）

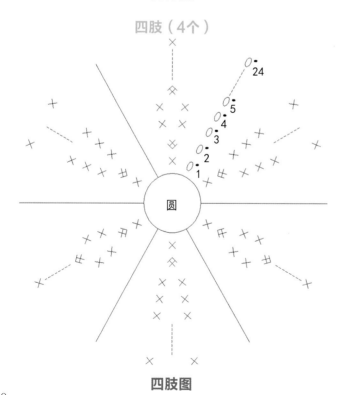

四肢图

耳朵编织表

行数	针数
2	12
1	6

尾巴编织表

行数	针数
2~20	12
1	6

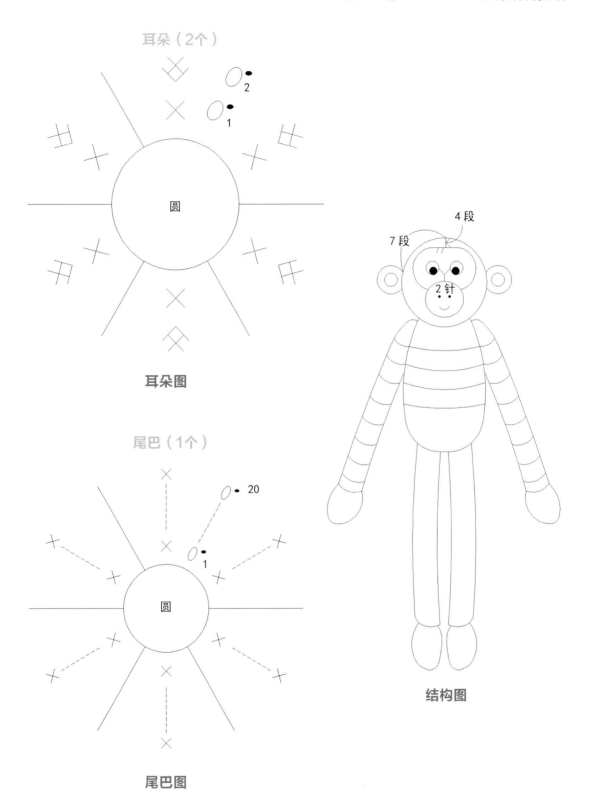

耳朵（2个）

耳朵图

尾巴（1个）

尾巴图

结构图

新新人类

材料

大红色毛线，肉色毛线，白色毛线，黑色毛线，黑色珠片2片，PP棉

工具

2.0mm钩针，缝针

编织方法

①头部用肉色毛线起 5 针辫子针，以下均为短针钩织，按头部图均匀加针钩织 8 行。然后，不加针不减针钩 8 行，再均匀减针 4 行，留置一开口，填充适量 PP 棉，手感到紧实、柔软即可。最后收口，用大红色毛线绣出嘴巴。

②身体用黑色毛线和大红色毛线钩织，起 5 针辫子针，以下均为短针钩织，按身体图均匀加针钩织至 4 行。然后，不加针不减针钩 4 行，再逐渐减针 5 行，留置一小开口，填充适量 PP 棉，手感到紧实、柔软时，即可。在裤子吊带处订上 2 片黑色珠片。

③手、脚用黑色毛线各起 5 针辫子针，以下均为短针钩织，均匀加针钩织至 3 行。然后，逐渐减针 3 行，再不加针不减针钩 15 行，填充适量 PP 棉。

④将头部、身体、手、脚缝合，新新人类基本成型。

⑤帽子用大红色毛线起 47 针辫子针，以下均为长针钩织，不加针不减针钩 9 行。帽顶做法请看帽子顶缝针图，最后，把帽子套于头上只露出面部（见图）即可。

头部图

不加针不减针钩4行

身体图

不加针不减针钩15行

不加针不减针钩9行

47针辫子针

帽子图

手脚图

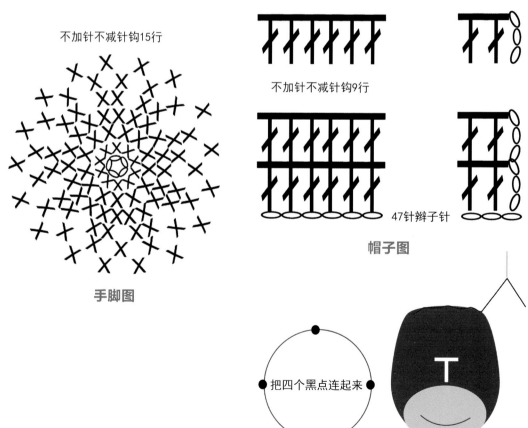

把四个黑点连起来

帽子顶缝针图

大嘴河马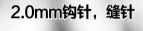

材 料

灰蓝色毛线，橙色毛线，中黄色毛线，翠绿色毛线，桃红色毛线，黑色珠子 4 颗，PP 棉

工 具

2.0mm钩针，缝针

编织方法

①头部用灰蓝色毛线起5针辫子针，以下均为短针钩织，按头部图均匀加针钩织8行。然后，不加针不减针钩5行，再均匀减针4行，留置一开口。在面部开始每1短针加1针短针，除面部外其余部分不加针不减针钩5行。然后，全部均匀减针5行，留一小口，填充适量PP棉，手感到紧实、柔软即可。最后收口。

②身体用灰蓝色毛线起5针辫子针，以下均为短针钩织，按身体图均匀加针钩织4行。然后，不加针不减针钩4行，再逐渐减针5行，留置一小开口，填充适量PP棉，手感到紧实、柔软即可。

③手部用灰蓝色毛线起5针辫子针，以下均为短针钩织，共钩5行，这5行要逐渐减针至收口，不用填PP棉。

④脚部用灰蓝色毛线起5针辫子针，以下均为短针钩织，均匀加针钩织3行。然后，逐渐减针3行，再用长针不加针不减针钩两行，填充适量PP棉。

⑤将头部、身体、手、脚缝合，大嘴河马基本成型。耳朵用灰蓝色毛线起2针辫子针，以下均为短针钩织，钩2行短针。钩好后，缝于头部上方。

⑥五官的绣法和花的做法请看五官图和花的图。

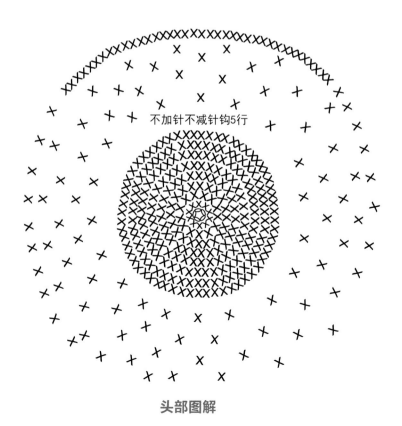

不加针不减针钩5行

头部图解

不加针不减针钩4行

手的图

身体图

五官图

脚的图

耳朵图

花的图

117

猫儿扑蝶

材料

加银线白色纯棉大肚纱线，玫粉
色段染水晶线，枕芯棉，小花，
细铜丝，光珠2颗

工具

2.5mm钩针，缝针

编织方法

① 除蝴蝶外都用加银线白色纯棉大肚纱线钩织。头部起4针辫子针，第2行圈钩6针短针，叠针连接，第3行到第15行编织方法详见头部图，第16行圈钩6针短针收针。

② 身体起4针辫子针，第2行圈钩6针短针，叠针连接，第3行至第21行依身体图编织，钩至第22行收针。

③ 前腿钩织2个。第1行起4针辫子针，第2至第13行圈钩6针短针，均以叠针连接。

④ 后腿钩织2个。第1行起4针辫子针，第2行圈钩6针短针，第3至第9行圈钩8针短针，均以叠针连接。

⑤ 尾巴起1针辫子针，第2至第18行钩5行短针。

⑥ 耳朵起4针辫子针，以下编织方法详见耳朵图。

⑦ 蝴蝶用玫粉色段染水晶线钩织。起5针辫子针，以下编织方法详见蝴蝶图，编织好之后，将细铜丝穿入蝴蝶腹部固定，末端各穿入1颗光珠。

⑧ 往头部、身体、前腿、后腿、尾巴内填充适量枕芯棉，再用线缝合在一起，然后，用细铜丝将蝴蝶和小猫连接在一起，最后用玫粉色段染水晶线缠绕在细铜丝上。

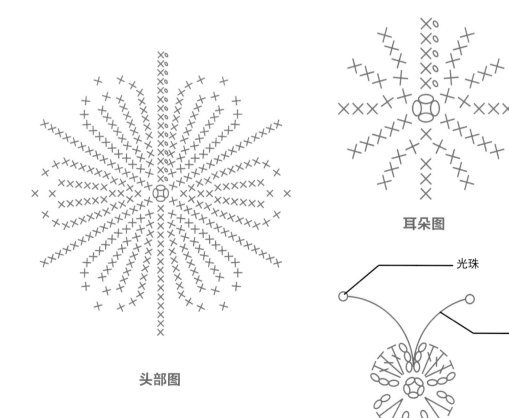

头部图

耳朵图

光珠

细铜丝

蝴蝶图

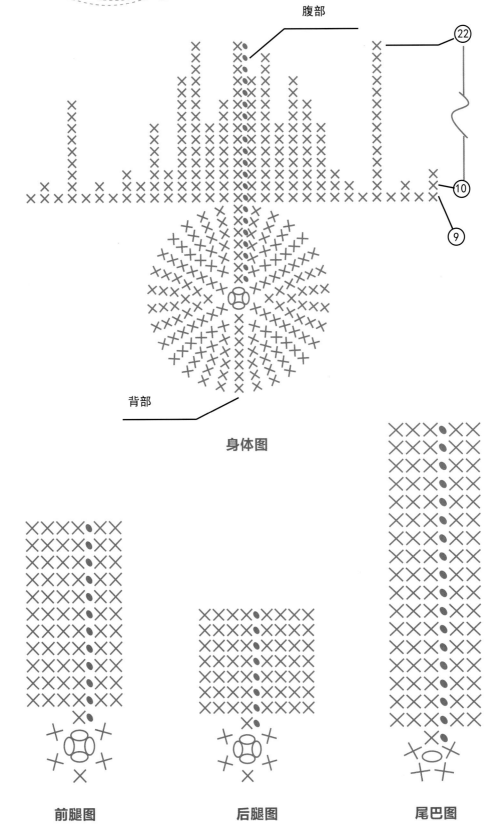

腹部

22

10

9

背部

身体图

前腿图　　　　　　后腿图　　　　　　尾巴图

猩猩小子

材料

咖啡色毛线，橙色毛线，白色毛线，
黑色毛线，黑色半圆眼睛2颗，PP棉

工具

2.0mm钩针，缝针

编织方法

① 头部用白色毛线起 5 针辫子针，以下均为短针钩织，按头部图均匀加针钩织8行。然后，不加针不减针钩8行，再均匀减针4行，留置一开口，填充适量PP棉，手感到紧实、柔软即可。最后收口。

② 嘴巴用白色毛线起5针辫子针，以下均为短针钩织，按嘴巴图均匀加针钩织3行。然后，不加针不减针钩4行，填充适量PP棉，手感到紧实、柔软即可。最后，把嘴巴缝在大猩猩面部中下位置。

③ 身体用咖啡色毛线起5针辫子针，以下均为短针钩织，按身体图均匀加针钩织4行。然后，不加针不减针钩4行，再逐渐减针5行，留置一小开口，填充适量PP棉，手感到紧实、柔软即可。

④ 手、脚做法一样，但脚比手粗，所以脚起5针辫子针后比手多钩2针，以下均为短针钩织，脚用白色毛线钩7行后接咖啡色毛线15行，不收口；手用白色毛线钩5行后接咖啡色毛线钩12行，不收口，各填适量PP棉。

⑤ 将头部、身体、手、脚缝合，大猩猩基本成型。

⑥ 耳朵的织法请看耳朵图，织好后，缝于面部左右两侧。

⑦ 帽子用橙色毛线钩织，织法请看帽子图，织好后缝于头顶。

⑧ 根据五官示意图上面的位置订上黑色半圆眼睛，再用黑色毛线绣出鼻子和嘴巴。

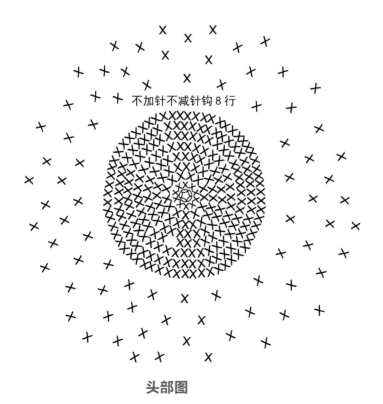

不加针不减针钩8行

头部图

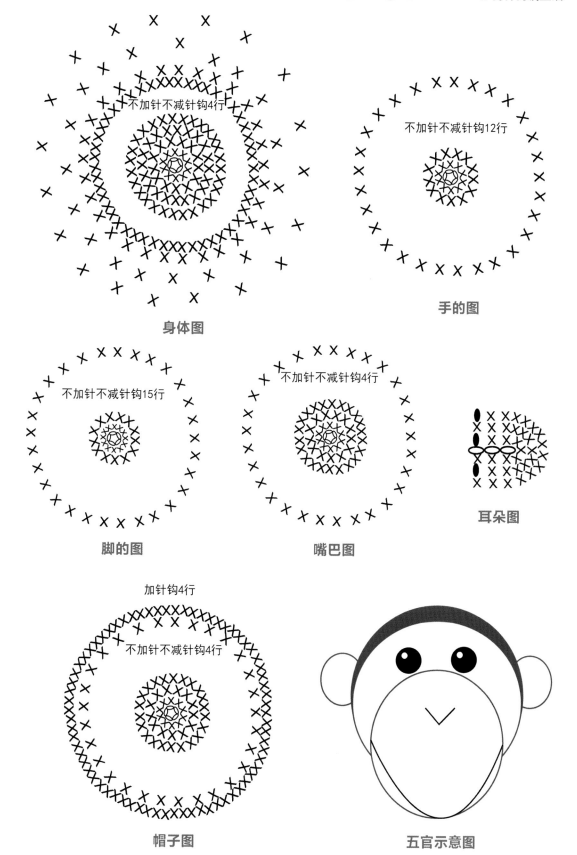

不加针不减针钩4行

身体图

不加针不减针钩12行

手的图

不加针不减针钩15行

脚的图

不加针不减针钩4行

嘴巴图

耳朵图

加针钩4行

不加针不减针钩4行

帽子图

五官示意图

图书在版编目（CIP）数据

一天即可完成的编织小物 / 犀文图书编著 . — 天津：天津科技翻译出版有限公司，2014.11
ISBN 978-7-5433-3448-9

Ⅰ. ①一… Ⅱ. ①犀… Ⅲ. ①手工编织－图集 Ⅳ.
①TS935.5-64

中国版本图书馆 CIP 数据核字 (2014) 第 218872 号

出　　　版：天津科技翻译出版有限公司

出 版 人：刘　庆

地　　　址：天津市南开区白堤路 244 号

邮政编码：300192

电　　　话：（022）87894896

传　　　真：（022）87895650

网　　　址：www.tsttpc.com

策　　　划：犀文图书

印　　　刷：广州佳达彩印有限公司

发　　　行：全国新华书店

版本记录：787×1092　16 开本　8 印张　100 千字
　　　　　　2014 年 11 月第 1 版　2014 年 11 月第 1 次印刷
　　　　　　定价：32.00 元